石油和化学工业HSE丛书

华安HSE问答之建筑物抗爆改造100问

李　威

徐世林　蔡明锋

化学工业出版社

·北京·

内容简介

本书采用问答的形式，精选了100个建筑物抗爆领域的热点和难点问题，包括通用问题、荷载计算、抗爆结构、工程建筑、暖通设计及风险分析，可为相关人员更加精准理解建筑物抗爆的内涵和指导抗爆设计及改造工作提供参考。

本书可广泛适用于从事石油化工行业建筑物抗爆的工程设计、施工、评价等相关人员以及从事生产工作的一线员工、管理人员。

图书在版编目（CIP）数据

华安HSE问答之建筑物抗爆改造100问 / 李威主编；徐世林，蔡明锋，闫长岭副主编. —北京：化学工业出版社，2024.5（2024.8重印）

（石油和化学工业HSE丛书）

ISBN 978-7-122-45426-3

Ⅰ. ①华… Ⅱ. ①李… ②徐… ③蔡… ④闫… Ⅲ. ①抗爆建筑物-建筑设计-问题解答 Ⅳ. ①TU352.13-44

中国国家版本馆CIP数据核字（2024）第072721号

责任编辑：张　艳　　　　装帧设计：王晓宇

责任校对：刘　一

出版发行：化学工业出版社

（北京市东城区青年湖南街13号　邮政编码100011）

印　　装：北京科印技术咨询服务有限公司数码印刷分部

850mm×1168mm　1/64　印张1¾　字数29千字

2024年8月北京第1版第3次印刷

购书咨询：010-64518888　　　售后服务：010-64518899

网　　址：http://www.cip.com.cn

凡购买本书，如有缺损质量问题，本社销售中心负责调换。

定　　价：39.80元

声 明

本书为中国石油和化学工业联合会HSE智库专家们日常研讨的总结，所有问题的回答不代表任何监管部门的观点。引用的标准条款为专家日常工作经验以及对标准的理解，可供使用者日常工作参考，使用者需根据具体情景选择适宜条款。

本书最终解释权归中国石油和化学工业联合会安全生产办公室所有，中国石油和化学工业联合会不承担任何机构和个人因引用本书的内容而产生的责任和风险。

本书编委会

编制单位　中国石油和化学工业联合会
　　　　　安全生产办公室

主　　编　李　威

副 主 编　徐世林　蔡明锋　闫长岭

其他编写人员　柏其亚　范咏峰　林洪俊
　　　　　　　刘宏儒　李　冬　潘为亮
　　　　　　　王振欧　韦建树　张淑玲

特别鸣谢　上海爵格工业工程有限公司

前 言

随着国务院安全生产委员会《全国安全生产专项整治三年行动计划》(安委〔2020〕3号)的正式下发，全国各地针对涉及危险化学品企业开展了控制室改造、搬迁等专项整治行动。该文件要求，涉及爆炸危险性化学品的生产装置控制室、交接班室不得布置在装置区内，已建成投用的必须限期完成整改；涉及甲乙类火灾危险性的生产装置控制室、交接班室原则上不得布置在装置区内，确需布置的，应按照相关规范要求限期完成抗爆设计、建设和加固。具有甲乙类火灾危险性、粉尘爆炸危险性、中毒危险性的厂房(含装置或车间）和仓库内的办公室、休息室、外操室、巡检室，必须限期予以拆除。

同时，新发布实施的GB/T 50779—2022《石油化工建筑物抗爆设计标准》，相较2012版规范，抗爆设计的主体不再局限于控制室，而是扩大为针对石油化工建筑物；取消了原规范中对于爆炸冲击波峰值入射超压及相应的正压作用时间的规定，转而基于风险设计的先进理念，明确了抗爆设计参数由爆炸安全性评估确定。

相关文件和标准的颁布，为保护人员生命和财产安全提供了基本依据和技术支撑。然而，在建筑物抗爆设计或改造项目实施过程中，不少企业反映，由于该领域专业技术性较强，加之缺乏统一的解读，导致对相关抗爆要求及术语定义理解不到位等问题，造成对既有建筑物抗爆改造存在诸多困惑，进而给企业的正常生产经营带来了一定影响。

鉴于此，我们积极向化工生产企业、设计院、工程施工等单位征集了存在的共性问题，并从中精选了 100 个热点和难点问题，组织对建筑物抗爆设计或改造有丰富经验的专家多次进行研讨，旨在寻找合理的答案，为抗爆改造提供借鉴思路。

本书共分六章，包含 100 个小问题，涵盖了通用问题、荷载计算、抗爆结构、工程建筑、暖通设计及风险分析。全书采用问答的形式，内容简明扼要、实用性强、查阅方便，对相关从业人员极具参考价值。

由于抗爆改造的复杂性，该领域涉及很多专业的知识，同时限于著者的学识水平，书中难免有遗漏和不当之处，恳请相关专家和广大读者批评指正。

在本书编写过程中，华安 HSE 智库群

友们积极参与，提供素材并共同切磋，谨致以诚挚的感谢！

谨以此书献给石油化工建筑物抗爆领域的耕耘者。

编者

2024年5月

目 录

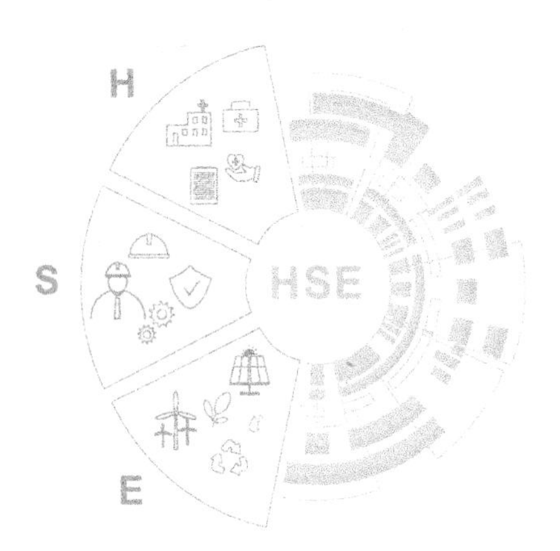
H
S
HSE
E

一、通用问题

【问1】布置在精细化工企业甲类车间的化验室是否需要搬迁或做抗爆?

答：化验室往往有一些分析检验人员，不应与甲类车间联建，应按照规定搬迁至安全处。根据《精细化工企业“四个清零”典型问题清单》（应急厅〔2023〕5号，附件3），甲、乙类火灾危险性车间内化验室应进行搬迁，要求2023年10月底前完成整改销号。供参考。

【问2】除了位于生产区域内且面向涉及重点监管危化工艺装置或者重大危险源的控制室外，其他控制室也需要抗爆计算设计吗?

答：根据GB/T 50779—2022《石油化工建筑物抗爆设计标准》对控制室的抗爆要求，爆炸冲击波峰值入射超压及正压作用时间应通过爆炸安全评估确定。即使控制室服务的装置无爆炸危险，但其周边其他装置或单元等也可能存在爆炸危险。非生产区的控制室，不代表没有爆炸危险，还需根据计算确定，比如有的中控室虽然设置在厂前区，但距离生产装置的实际距离可能位于爆炸影响范围内。供参考。

【问3】精细化工企业位于生产管理区或四周均为丁、戊类设施的中央控制室还需要进行抗爆设计吗?

答：假如厂内存在其他爆炸危险装置，建议进行爆炸安全性评估。供参考。

【问4】有人值守建筑物和石油化工人员集中场所是一个定义吗?

答：不同标准对应着不同要求，以下标准

规定了问题的三个定义：

（1）SH/T 3047—2021《石油化工企业职业安全卫生设计规范》

人员集中建筑物：人员有固定岗位或具有人员聚集功能的建筑物。

（2）GB/T 50779—2022《石油化工建筑物抗爆设计标准》

有人值守建筑物（房间）：生产过程中设有固定或常驻人员工作岗位的建筑物（房间）。

（3）SH/T 3226—2024《石油化工过程风险定量分析标准》

人员集中建筑物：

a. 建筑物内有指定的人员在内或者具有经常性的人员活动，且建筑物内固定操作岗位上的人员工作时间为 40 人•小时 / 天以上且同时在岗人数不少于 3 人的建筑物；

b. 在建筑物内工作 1 小时及以上的人员数量不少于 10 人（出现频率

≥1次/月）。

根据提问，若该建筑物有抗爆需求，且存在固定或常驻人员工作岗位，则符合GB/T 50779—2022《石油化工建筑物抗爆设计标准》有人值守建筑物（房间）定义。供参考。

【问5】无人值守的抗爆机柜间可以设置在石油化工企业甲、乙类厂房吗?

答：根据GB 50160—2008《石油化工企业设计防火标准（2018年版）》5.2.16条，装置的控制室、机柜间、变配电所、化验室、办公室等不得与设有甲、$乙_A$类设备的房间布置在同一建筑物内。装置的控制室与其他建筑物合建时，应设置独立的防火分区。供参考。

【问6】面对生产装置或者储罐的中控室，无论距离多远，都需要抗爆吗?

答：应通过爆炸风险评估确定是否抗爆，如果评估结论无需抗爆，则可以按非抗爆设计。供参考。

【问7】安全评价报告中，外操室处于爆炸云影响范围之外，还需要进行抗爆设计吗?

答：建议在初步设计阶段进行爆炸安全性评估确定抗爆设计。供参考。

【问8】对于前期没有抗爆设计的控制室，后续改造的问题依据什么法规标准进行整改?

答：建议根据《全国安全生产专项整治三年行动计划》（安委〔2020〕3

号）、GB/T 50779—2022《石油化工建筑物抗爆设计标准》等法律法规和标准规范进行整改。供参考。

【问9】抗爆改造方案评审、竣工验收的资料有哪些？如何选择专家？

答：相关资料包括荷载分析报告、结构分析报告、正版软件证明、软件使用证书、签字版评审结论、施工图纸、施工工程方案、工程材料证明、测试报告等。

建议选择具有爆炸风险分析、抗爆设计、工程从业经验的技术专家。供参考。

【问10】对于生产厂区内的控制室，如何判断位于装置内还是装置外？

答：位于装置内还是装置外建议通过总平面布置图中的装置界区确定。如第9页图，画矩形框的为装置界区，如果控制室位于矩形框（装置界区）内，可认为控制室在装置内。比如，如果划圈建筑为控制室，由于其位于矩形框（装置界区）内，因此可以认为控制室在装置内。供参考。

【问11】面向丙类车间、300m间距的消防控制室，未进行抗爆设计，是否属于重大隐患?

答：如果该消防控制室周边只涉及丙类车间且间距为300m，无其他甲、乙类装置单元，通过经验来看，无需进行抗爆设计。供参考。

【问12】布置在装置外的控制室是否需要进行抗爆风险评估?

答：涉及爆炸危险性的控制室，均应通过爆炸风险评估确定抗爆设计参数。供参考。

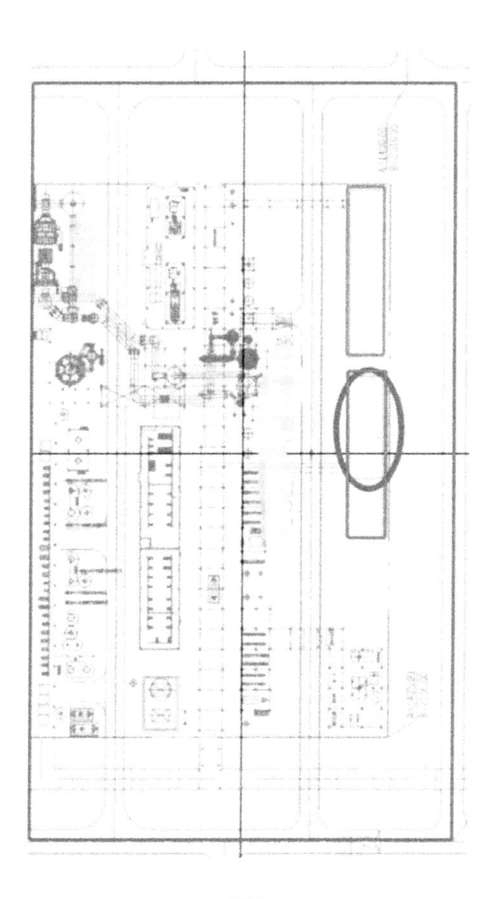

【问13】中央控制室在行政办公区，是否需要抗爆?

答：布置在行政办公区的中央控制室，也应通过爆炸风险评估确定是否需要抗爆设计。供参考。

【问14】抗爆风险评估是否考虑周边企业的影响?

答：目前的全厂爆炸风险评估，只考虑本厂的单元。涉及周边企业的相互影响，建议由园区统筹。供参考。

【问15】抗爆控制室内可以设置卫生间吗?

答：控制室内可设置卫生间，机柜间（室）不宜设置卫生间。

SH/T 3006—2012《石油化工控制室设计规范》

4.3.1 控制室的功能房间和辅助房间可按如下原则设置，并可根据装置规模和操作要求进行调整。

b）辅助房间宜包括交接班室、会议室、更衣室、办公室、资料室、休息室、卫生间等。

7.12 现场机柜室不宜设置卫生间。供参考。

【问16】爆炸冲击波峰值入射超压小于6.9kPa，是否需要进行抗爆设计?

答：爆炸冲击波峰值入射超压不大于6.9kPa及爆炸冲量小于207kPa·ms时，建筑物主体结构可不采用抗爆设计，但建筑墙体、门窗等仍需满足GB/T 50779—2022《石油化工建筑物抗爆设计标准》相关要求。供参考。

【问17】爆炸冲击波峰值入射超压小于6.9kPa，建筑是否可以大于2层?

答：根据GB/T 50779—2022《石油化工建筑物抗爆设计标准》3.0.8条，抗爆建筑物层数、高度应符合下列规定：爆炸冲击波峰值入射超压大于6.9kPa且小于21.0kPa时，层数不应超过两层，室内地面到主体结构屋面板顶的高度不应超过12.0m。条文未规定小于6.9kPa时建筑物层数要求，则建筑物可以大于2层。供参考。

【问18】爆炸冲击波峰值入射超压小于6.9kPa，通风口需要进行抗爆吗?

答：根据GB/T 50779—2022《石油化工建筑物抗爆设计标准》7.4.3条，当爆炸冲击波峰值入射超压大于6.9kPa时，设在抗爆建筑物墙面和屋面上的进出风口均应加装抗爆阀。当入射超压小于6.9kPa时，建议安装抗爆百叶。供参考。

【问19】抗爆建筑一层楼是否需要抗爆消防救援门?

答：根据GB/T 50779—2022《石油化工建筑物抗爆设计标准》5.1.4条，抗爆消防救援门宜设置在建筑物二层的外墙上。鉴于抗爆建筑的特殊性，针对爆炸冲击波峰值入射超压不小于6.9kPa的较大型有人值守的二层抗爆建筑，增加了设置抗爆消防救援门的要求。抗爆建筑一层的安全出口在建筑物内部发生火灾时将自动解锁可作为消防救援口使用，抗爆消防救援门仅设置在建筑二层的外墙上。供参考。

【问20】新建无人值守的现场机柜室等重要设施是否需要进行抗爆设计？

答：宜通过爆炸风险评估确定是否抗爆设计。

SH/T 3006—2012《石油化工控制室设计规范》7.8条规定，“对于有爆炸危险的石油化工装置，现场机柜室建筑物的建筑、结构应根据抗爆强度计算、分析结果设计”。

HG/T 20508—2014《控制室设计

规范》4.0.7条规定，“对于有爆炸危险的石油化工装置，现场机柜室应采用抗爆结构设计”。

以上两个标准未区分现场机柜室是否有人员值守。

根据以上两个标准的条文说明，机柜间的抗爆不仅要考虑开车试运行阶段机柜间内的人员安全，也要考虑保护机柜间内仪表设备。

现场机柜室对生产装置的安全及连续稳定运行具有至关重要的作用，所以应对新建无人值守的现场机柜室等重要设施进行抗爆设计。

GB/T 50779—2022《石油化工建筑物抗爆设计标准》抗爆设计的目标之一是保障事故发生时设施的正常运行，防止设备失控导致级联事故，使得其影响扩散。供参考。

【问21】对于在役装置非抗爆控制室，有哪些改造方案?

答：根据GB/T 50779—2022《石油化工建筑物抗爆设计标准》，可以采用抗爆涂层加固法、抗爆保护罩方法或者抗爆庇护所方法。

砌体填充墙宜采用抗爆涂层方法进行加固；

砖混结构或者砌体结构宜采用抗爆保护罩方法加固；

对于改造难度大的建筑物，也可选用模块化的可移动式抗爆庇护所进行改造。供参考。

【问22】对于控制室、机柜间与甲类厂房之间有其他建筑物遮挡的场合，是否可以不做抗爆复核?

答：冲击波的传播方式如下图所示。冲击

波会绕过建筑物继续向前传播，即使有其他建筑物遮挡，也需要进行抗爆评估。需要考虑建筑物阻挡效果时，可采用流体力学软件CFD进行荷载分析。供参考。

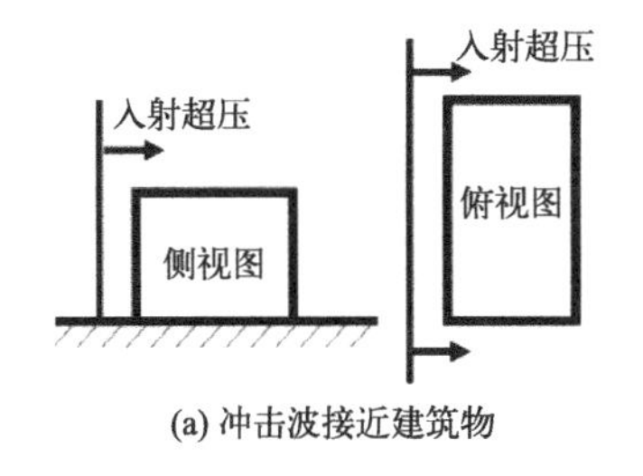

(a) 冲击波接近建筑物

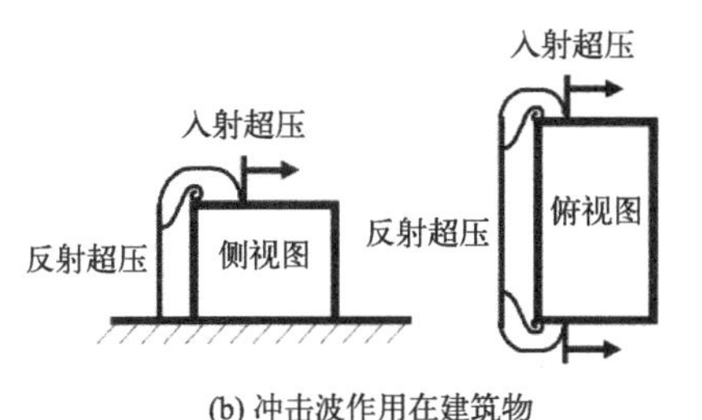

(b) 冲击波作用在建筑物

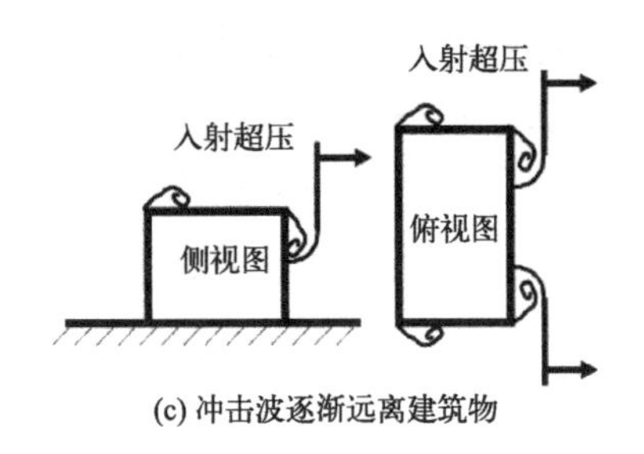

(c) 冲击波逐渐远离建筑物

【问23】人员密集场所是否和人员集中场所定义相同?

答：定义不同。

中华人民共和国消防法：第七十三条　人员密集场所，是指公众聚集场所，医院的门诊楼、病房楼，学校的教学楼、图书馆、食堂和集体宿舍，养老院，福利院，托儿所，幼儿园，公共图书馆的阅览室，公共展览馆、博物馆的展示厅，劳动密集型企业的生产加工车间和员工集体宿舍，旅游、宗教活动场所等。其中，公众聚集场所是指宾馆、饭店、商场、集贸市场、客运车站候车室、客运码头候船厅、民用机场航站楼、体育场馆、会堂以及公共娱乐场所等。

GB 50984—2014《石油化工工厂布置设计规范》2.0.25 条

人员集中场所：指固定操作岗位上的人员工作时间为 40 人 • 小时 / 天以上的场所。

SH/T 3047—2021《石油化工企业职业安全卫生设计规范》3.3 条

人员集中建筑物：人员具有固定岗位或具有人员聚集功能的建筑物。

SH/T 3226—2024《石油化工过程风险定量分析标准》5.5.1 条

应根据以下要求筛选界区内人员集中建筑物：

a）建筑物内有指定的人员在内或者具有经常性的人员活动，且建筑物内固定操作岗位上的人员工作时间为 40 人·小时 / 天以上且同时在岗人数不少于 3 人的建筑物；

b）在建筑物内工作 1 小时及以上的人员数量不少于 10 人（出现频率≥ 1 次 / 月）。

不同标准对应不同要求，请根据适用范围确定。供参考。

【问 24】机柜间门斗是否作为建筑物防火间距起止点考虑?

答：GB 50160—2008《石油化工企业设计防火标准（2018版）》：建筑物（敞开或半敞开式厂房除外）的防火间距起止点为最外侧轴线。

GB 50016—2014《建筑设计防火规范（2018 版）》：建筑物之间的防火间距应按相邻建筑外墙的最近水平距离计算，当外墙有凸出的可燃或难燃构件时，应从其凸出部分外缘算起。

建筑物与储罐、堆场的防火间距，应为建筑外墙至储罐外壁或堆场中相邻堆垛外缘的最近水平距离。

根据上述标准规范，抗爆门斗属于不燃构件，不建议将抗爆门斗作为抗爆机柜间防火间距起止点考虑。供参考。

【问25】既有建筑物改造为抗爆控制室时，人员出入通道门上方的雨篷需要拆除吗？为什么？

答：根据GB/T 50779—2022《石油化工建筑物抗爆设计标准》3.0.16条，既有建筑物抗爆设计中，当外部设有雨篷、楼梯等附属构件时，应根据抗爆验算结果采取抗爆加固措施。供参考。

【问 26】“建筑物应独立设置”怎么理解？是功能上独立还是地理位置上独立？

答：GB/T 50779—2022《石油化工建筑物抗爆设计标准》要求抗爆建筑物的结构系统应完全独立设置的目的是避免邻近的非抗爆建筑物在爆炸事故中破坏时阻塞抗爆建筑物的安全出口或对抗爆建筑物的受力造成不利影响。应在选址上独立设置。供参考。

【问 27】没有被定义成安全出口的出口可以直接面向爆炸危险性装置或设备吗？

答：布置在装置外的控制室非安全出口可以直接面向。GB/T 50779—2022《石油化工建筑物抗爆设计标准》3.0.3第2条规定是为了提高人员疏散通道的可靠性，防止装置爆炸时建筑安全出口被爆炸所产生的碎片阻塞，建筑安全出口不得直接面向有爆炸危险性的生产装置或设备。供参考。

【问28】布置在装置外的抗爆控制室，入射超压小于6.9kPa时，安全出口是否可以直接面向爆炸危险性装置或设备？

答：根据GB/T 50779—2022《石油化工建筑物抗爆设计标准》3.0.3第2条规定，若入射超压小于6.9kPa，安全出口不认定为直接朝向爆炸危险性的生产装置或设备。但仍需满足防火防爆要求。供参考。

【问29】控制室的“功能性房间”指的是什么房间?

答：根据SH/T 3006—2012《石油化工控制室设计规范》，功能性房间宜包括操作室、机柜室、工程师室、空调机室、不间断电源装置（UPS）室、备件室等。供参考。

【问30】是否只要有爆炸风险，都需要做爆炸安全性评估？是否有法定的评估方法?

答：涉及火灾爆炸危险的企业内有人值守建筑物和无人值守的机柜间需要爆炸风险评估。

可以采用基于最大可信事件的事故后果法和定量风险分析法。供参考。

【问31】甲乙类工艺厂房或装置是否依据GB/T 50779—2022《石油化工建筑物抗爆设计标准》进行建筑层数和高度等抗爆设计？

答：抗爆建筑物的层数和高度规定的是抗爆建筑物，比如经爆炸风险评估需要抗爆设计的人员值守建筑物和无人值守机柜间，非抗爆建筑物不在GB/T 50779—2022《石油化工建筑物抗爆设计标准》限定范围内。供参考。

【问32】精细化工行业机柜间放置于丙类厂房内，是否需要进行爆炸风险分析？

答：如涉及爆炸危险性，应进行爆炸风险评估。供参考。

【问33】关于露天的有氮封有机溶媒储罐是否需要做爆炸风险评估?

答：有爆炸危险性露天布置储罐无论是否设置氮封，都应进行爆炸风险评估。供参考。

【问34】抗爆控制室屋面可以放光伏板吗?

答：不建议放置在屋面，避免在冲击波作用下产生飞射物。

根据 GB/T 50779—2022《石油化工建筑物抗爆设计标准》5.1.5 条，抗爆建筑物的屋面不得采用装配式架空隔热构造。设置女儿墙时，应采用钢筋混凝土结构并经过抗爆验算。

因屋面装配式架空隔热构造在爆炸工况下易成为飞射物，故抗爆建筑物不得采用该构造。女儿墙构造在爆炸荷载的作用下为悬臂构件，易于破坏，为减少爆炸生成的碎块，不宜选用砌体等脆性构件，采用钢筋混凝土结构时也应经过抗爆验算，且应尽可能降低其高度。供参考。

【问 35】冲击波作用时间t_d、冲量I及超压P有什么关系?

答：按照直角三角波形来说，冲量$I=0.5 \times P \times t_d$。供参考。

【问 36】既有建筑所在位置入射冲击波超压超过48kPa是否要搬迁?

答：GB/T 50779—2022《石油化工建筑物抗爆设计标准》3.0.2条对新建有人值守建筑物作出规定，并未对既有建筑作出规定。需根据抗爆改造费用、HSE需求等实际情况作出最终决策。供参考。

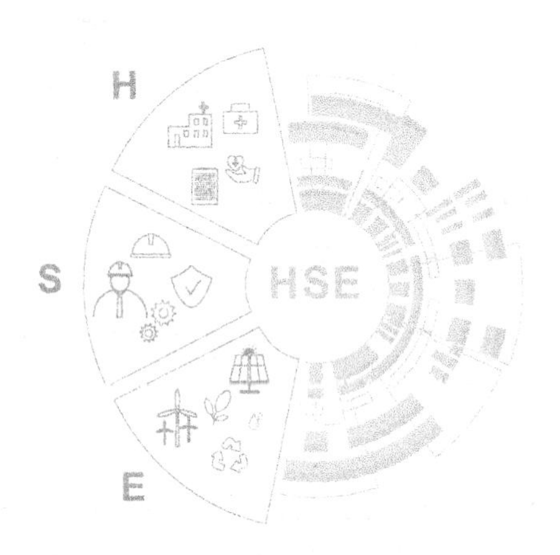
H
S
HSE
E

二、载荷计算

【问 37】爆炸冲击波对控制室建筑物的作用荷载如何计算分析？

答：二维定量风险评估，实际只计算面向爆炸危险源的入射超压。

针对报告而言，仅需给出建筑所在位置的入射冲击波超压和作用时间，以及建筑迎爆面。如果建筑物不同方向均有爆炸源的话，不同方向上的爆炸荷载都需要给出。

进行结构分析时，根据 GB/T 50779—2022《石油化工建筑物抗爆设计标准》4.2 条，需计算作用在建筑物上的爆炸荷载，荷载报告中的建筑物所在位置的入射冲击波超压和作用时间，建筑物迎爆面反射超压及作用时间，后墙、侧墙以及屋顶的反射超压和作用时间，建筑物各墙面和屋顶的反射超压和作用时间，以及利用结构分析软件进行结构在爆炸荷载作用下有限元分析。供参考。

【问38】原有控制室搬迁或新建控制室是否可以直接按21kPa进行设计？

答：原有控制室搬迁和新建控制室，其实是同一类问题，均应通过爆炸风险分析确定抗爆设计参数。对于需要进行抗爆设计的建筑物，根据GB/T 50779—2022《石油化工建筑物抗爆设计标准》进行抗爆设计。

若控制室未经爆炸风险评估，采用21kPa经验值直接抗爆，对于远离爆炸危险源的控制室，存在过保护、投资概算增加（花冤枉钱）的问题；对于未远离装置的控制室，则可能存在抗爆等级不够的问题。供参考。

【问39】目前针对新建装置内的机柜间，在冲击波多大时要进行抗爆设计？

答：根据SH/T 3226—2024《石油化工过程风险定量分析标准》12.5.2条，建筑物受到的爆炸冲击波超压大于或等于6.9kPa或者爆炸冲量大于或等于207kPa·ms时，建筑物主体结构应采用抗爆设计，建筑物其他部分的抗爆要求应执行GB/T 50779—2022《石油化工建筑物抗爆设计标准》。如果爆炸冲击波超压小于6.9kPa或者爆炸冲量小于207kPa·ms时，建筑主体结构可不进行抗爆设计，但是建筑墙体、门窗等应符合GB/T 50779—2022《石油化工建筑物抗爆设计标准》相关要求。供参考。

【问 40】爆炸荷载评估的方法有哪些？

答：爆炸荷载评估一般有基于后果的评估或者基于风险的评估。

蒸气云爆炸计算应考虑蒸气云的受约束和受阻碍状况，可采用 TNO 多能法、Baker-Strehlow-Tang（BST）方法、Shell-CAM 或者计算流体动力学方法等，不应采用 TNT 当量法进行气体爆炸分析。供参考。

【问 41】什么情况下需要采用计算流体动力学方法进行爆炸荷载分析？

答：当需要详细评估气体爆炸燃烧的过程、燃烧场的压力分布、点火源位置的影响、不同设备布局的影响、爆炸的泄放、爆炸减缓措施的作用等情况时宜采用CFD模型或实验进行分析。如：

——详细的蒸气云扩散模拟分析；

——评估在非均匀受限空间内火焰传播便于确定爆炸源强度；

——分析处于蒸气云燃烧范围内的建筑爆炸荷载；

——评估建筑上复杂冲击波交互作用，比如冲击的阻挡和集中效应；

——模拟工艺厂房内的蒸气云扩散和爆炸；

——模拟冲击波的减缓措施，比如泄爆板。供参考。

【问42】爆炸事故后果分析中最大可信事件的典型泄漏特征孔径如何选取?

答：可信事故场景为通过风险识别，识别

出所有真实的且概率可信的事故场景，其中事故后果最大的场景称为最大可信事故场景。确定可信事故场景，应确定可信标准，比如将事故后果发生频率不低于1×10^{-5}/年的事件作为可信事件。然后根据模型或者工程经验确定一定泄漏孔径事件发生的频率。可以忽略所有发生频率低于1×10^{-5}/年的事件。找出后果发生频率不低于1×10^{-5}/年的最大孔径，即为典型特征泄漏孔径。供参考。

【问 43】荷载分析报告要给出建筑物是否需要做抗爆的结论吗？

答：爆炸风险评估报告应给出建筑物是否做抗爆的结论。

对于新建建筑，根据 SH/T 3226—2024《石油化工过程风险定量分析标准》12.5.2 条，建筑物受到的爆炸冲击波超压≥ 6.9kPa 或者爆炸冲量≥ 207kPa · ms 时，建筑物主体结构应采用抗爆设计，建筑物其他部分的抗爆要求参见 GB/T 50779—2022《石油化工建筑物抗爆设计标准》。

对于既有建筑物，建筑结构形式可能是钢筋混凝土框架结构、砖混结构，或者砌体结构。砖混结构或者砌体结构抵抗冲击波而不倒塌能力较弱。一般采用抗爆保护罩形式加固。建议进行结构安全性评估确定建筑物是否需要进行抗爆。供参考。

HEALTH, SAFETY,
& ENVIRONMENT

三、抗爆结构

【问 44】不面向有爆炸危险性的装置侧控制室是否可以不采用抗爆门？

答：根据GB/T 50779—2022《石油化工建筑物抗爆设计标准》3.0.3条，建筑物安全出口不应直接面向有爆炸危险性的装置或设备。设置多个出口时，宜在不同的方向设置。根据5.1.2条，抗爆建筑物外墙门帘的设置应符合下列规定：爆炸冲击波峰值入射超压大于6.9kPa时，应选用相应等级的抗爆防护门及抗爆防护窗。

事实上，根据法规标准要求，即便是抗爆门，抗爆控制室开门也不允许直接面向甲乙类危险装置。所以，从现行标准及已发布新标准来看，不朝向危险区的门，是标准基本要求，不能作为使用非抗爆门的依据。

【问**45**】对于消防救援门，规范是如何要求的？

答：GB/T 50779—2022《石油化工建筑物抗爆设计标准》中增加了消防救援抗爆门及设置要求，条文5.1.2、5.1.3、5.1.4、5.2.2以及相应的条文对消防救援抗爆门做了相应的要求和说明。供参考。

【问**46**】精细化工园区抗爆控制室是否可以仅面向本厂装置一侧为抗爆结构？

答：建议抗爆控制室整体抗爆，非一面抗爆；目前企业内的抗爆控制室，爆炸风险评估时仅考虑厂内单元的爆炸影响，大部分未考虑相邻企业的爆炸影响，相关爆炸风险评估，无法取得相邻企业的装置工艺数据，建议由园区统筹考虑。供参考。

【问47】石油库中控室是否需要抗爆？

答：建议石油库中控室通过爆炸风险评估确定是否需要抗爆设计。供参考。

【问48】如何判定抗爆涂层措施符合要求？

答：GB/T 50779—2022《石油化工建筑物抗爆设计标准》新增了抗爆涂层加固方法以及在建筑物外增设独立的钢筋提凝土或钢结构外壳的方法。

建议选用符合 GB/T 50779—2022《石油化工建筑物抗爆设计标准》要求的纯聚脲材料的抗爆涂层且阻燃

性能达到 B_2 级以上。抗爆性能好，耐老化，使用寿命更长。

建筑采用加固措施前后，要进行结构安全性评估并出具相应的结构分析报告以及抗爆测试报告说明相应的措施在既定爆炸荷载下是符合GB/T 50779—2022 要求的。供参考。

【问 49】抗爆控制室电缆电线进出口有何要求？

答：根据GB/T 50779—2022《石油化工建筑物抗爆设计标准》要求，除门窗洞口外，抗爆建筑物外墙的开洞尺寸不应大于1.0m，洞口间净距离应大于洞口宽度。所有外墙、屋面的开洞均应采取整体抗爆密封措施，并能抵抗相应的爆炸荷载。供参考。

【问50】仅在面向装置区的控制室有门侧墙体前加一道防爆墙是否可以满足抗爆要求?

答：建议控制室进行爆炸风险评估，若爆炸超压大于6.9kPa，建议按照整体抗爆设计，且安全出口不应直接面向爆炸危险性的装置或设备，当在出口外侧设置一字型有顶抗爆钢筋混凝土挡墙，且挡墙两侧每边宽出洞口不小于1m时，不属于直接面向。

根据GB/T 50779—2022《石油化工建筑物抗爆设计标准》4.2条：作用在建筑物上的爆炸荷载，封闭矩形建筑物一面作为迎爆面受到爆炸冲击波作用，而建筑的后墙、侧墙以及屋顶均会受到冲击波作用。因为冲击波是以球面形式传播，而非直线传播。因此建筑的后墙、侧墙以及屋顶均需进行爆炸荷载作用下建筑结构有限元分析并加固整改。供参考。

【问51】中控室在二道门外，是否还需要抗爆设计？

答：应通过爆炸风险评估确定中控室是否抗爆设计。供参考。

【问52】操作室、机柜间等是否可以仅对面向爆炸区域一面墙体进行抗爆设计？

答：不可以。供参考。

【问53】哪些有限元软件可以做爆炸荷载下结构整体动力分析？

答：根据GB/T 50779—2022《石油化工

建筑物抗爆设计标准》6.4.1条，结构动力分析宜采用有限元分析方法进行整体分析，目前市场上主要有Ansys LS-DYNA软件、ABAQUS软件、AUTODYN软件等。供参考。

HEALTH, SAFETY,
& ENVIRONMENT

四、工程建筑

【问54】控制室有配电楼阻挡，对抗爆有影响吗？减弱了爆炸还是加强了？

答：目前的爆炸风险评估软件为2D模拟软件，未考虑中间阻挡。

要考虑配电楼对控制室的影响需要用到CFD软件（三维计算流体力学软件）。一般情况下，在类似控制室前几米处简单地建一堵抗爆墙，对迎爆面有一定的消减作用，但不能阻挡冲击波作用到控制室。如果控制室前有几栋建筑存在，存在形成加速通道而强化冲击波作用的可能。要具体情况具体分析。供参考。

【问55】抗爆控制室的门是否需要自动闭门器，如需要该如何控制？

答：根据GB/T 50779—2022《石油化工

建筑物抗爆设计标准》，设置在建筑安全出口的外门应设置自动闭门器。隔离前室内、外门应具备不同时开启联锁功能，火灾状态下应自动解除联锁。供参考。

【问56】控制室抗爆设计后，是否要考虑应急疏散通道设计?

答：需要。供参考。

【问57】石油和天然气管道输送的站场，设在办公区的控制室，面向爆炸危险单元有门窗，是否属于隐患?

答：建议进行爆炸风险分析评估，根据实际的爆炸冲击波入射超压确定门窗整改方案。供参考。

【问58】抗爆控制室的功能性房间设置有何要求？

答：建议按照GB/T 50779—2022《石油化工建筑物抗爆设计标准》、HG/T 20508—2014《控制室设计规范》、SH/T 3006—2012《石油化工控制室设计规范》进行抗爆控制室功能性房间设置。供参考。

【问59】中控楼包括控制室、机柜间、办公用房等，能否只改造控制室部分？

答：新建控制室抗爆设计应满足以下要求：

（1）根据GB/T 50779—2022《石油化工建筑物抗爆设计标准》，抗爆设计包括所有人员集中建筑物，不仅仅是控制室、机柜间。

（2）根据HG/T 20508—2014《控制室设计规范》、SH/T 3006—2012《石油化工控制室设计规范》，控制室建筑物为抗爆结构时，不应与非抗爆建筑物合并建筑。

既有建筑物抗爆改造应满足以下要求：

根据GB/T 50779—2022《石油化工建筑物抗爆设计标准》，既有建筑物抗爆设计中，当只有一部分需要进行抗爆设计时，应计入非抗爆设计部分在爆炸中破坏后对抗爆设计部分的影响。供参考。

【问60】抗爆涂层拉伸强度是否是抗爆性能的主要指标?

答：按照GB/T 50779—2022《石油化工建筑物抗爆设计标准》有关要求，只有满足所有技术参数的纯聚脲材料才能称为抗爆涂层，片面性的某一个指标高低没有任何具体意义。作为用户必须要求抗爆改造的工程施工单位出具包含新版国标规定的抗爆涂层所有技术参数要求的第三方测试报告，防止防水涂料用作抗爆涂料。

拉伸强度是抗爆涂层的众多参数之一，同时要考虑燃烧性能是否达到 B_2 级，采用的是否是纯聚脲材料抗爆涂层来保障耐老化性和长寿命。供参考。

【问 61】煤化工企业机柜间面向两个罐区方向均开门开窗，需要进行抗爆改造吗？

答：建议通过爆炸风险评估确定该机柜室是否需要抗爆改造。

根据 GB 51428—2021《煤化工工

程设计防火标准》5.3.3 条，当中央控制室、区域性控制室、仪表机柜间与有爆炸危险的建筑、设备、储罐等邻近布置时，应根据爆炸风险评估确定是否需要抗爆要求；当需进行抗爆设计时，应按现行国家标准 GB 50779—2022《石油化工控制室抗爆设计规范》的规定进行设计。供参考。

【问 62】控制室能否与化验室、配电房等场所共用同一建筑，能否设置在二楼？

答：据SH/T 3006—2012《石油化工控制室设计规范》，控制室不应与总变电所、区域变电所共用同一建筑，现场控制室不宜与变配电所共用同一建筑。当受条件限制需共用建筑物时，应符合GB 50160—2008的规定，并应采取屏蔽措施。当控制室为抗爆结构时，不应与非抗爆建筑物合并建筑，爆炸冲击波入射超压不小于21kPa时，该建筑物层数应为一层。控制室与配电室的间距应符合GB 50016—2014《建筑设计防火规范（2018年版）》的要求。

根据GB 50160—2008《石油化工企业设计防火标准（2018年版）》，控制室宜设在建筑物的底层。供参考。

【问63】甲类厂房二层的非防爆区设置无人值班的机柜室是否符合要求?

答：根据GB 50160—2008《石油化工企业设计防火标准（2018年版）》，石油化工企业机柜间不应设置在甲类厂房内。石化企业的装置大部分是露天布置、自然通风。装置区与厂房建筑是不同的概念。二者的定义详见石化规术语章节。供参考。

【问64】精细化工企业的抗爆控制室屋顶排水有什么要求?

答：根据GB/T 50779—2022《石油化工建筑物抗爆设计标准》5.1.6条，屋面有组织排雨水系统设计应符合下列规定：

（1）内排水雨水管不宜直接接入排雨水管网；

（2）穿过室内的排雨水管道应选用无缝钢管，室内段不得设有任何开口；

（3）明装在外墙上的雨水管宜选用轻质材料。供参考。

【问65】处于装置区的2层以上的控制室、机柜间可以做抗爆加固改造吗?

答：建议通过爆炸风险评估确定建筑物遭受的爆炸超压，爆炸荷载确定后评估结构在爆炸荷载作用下的动态响应情况，并根据GB/T 5077—2022确定具体的改造方案，组织专家对方案进行评审，形成最后评审结论。供参考。

【问66】控制室距乙类液体罐区100m，朝向罐区有门窗是否为隐患?

答：建议进行爆炸风险评估，并符合（1）～（5）的要求。

（1）若控制室受到的爆炸超压低于6.9kPa，并且控制室位于装置外，朝向罐区可以有门窗，但应满足GB/T 50779—2022《石油化工建筑物抗爆设计标准》5.1.2条款要求。

（2）若控制室受到的爆炸超压大于6.9kPa，并且控制室位于装置外，朝向罐区可以设置满足GB/T 50779—2022《石油化工建筑物抗爆设计标准》5.1.2条款要求窗户。

（3）若控制室受到的爆炸超压大于 6.9kPa，并且控制室位于装置外，建筑安全出口不应直接面向有爆炸危险性的装置或设备，当在出口外侧设置一字型有顶抗爆钢筋混凝土挡墙，且挡墙两侧每边宽出洞口不小于 1m 时，不属于直接面向。

（4）布置在装置内的控制室，面向有火灾危险性设备侧的外墙应为无门窗洞口、耐火极限不低于 3h 的不燃烧材料实体墙。

依据 GB 50160—2008(2018 年版）的 5.2.18 条款，布置在装置内的控制室、机柜间、变配电所、化验室、办公室等的布置应符合下列规定：

控制室、机柜间面向有火灾危险性设备侧的外墙应为无门窗洞口、耐火极限不低于3h的不燃烧材料实体墙。

（5）如果设置门窗，应符合 GB/T 50779—2022 的 5.1.2 条款对抗爆建筑物外墙门窗的设置的下列规定：

a. 爆炸冲击波峰值入射超压大于1.0kPa且不大于3.0kPa时，可选用可开启外窗及钢制外门；有人值守房间及疏散通道上的外窗宜选用上悬窗，其窗扇宜选用摩擦式撑挡。

b. 爆炸冲击波峰值入射超压大于3.0kPa且不大于6.9kPa时，除防排烟系统所要求可开启外窗外，宜选用固定外窗及钢制外门。

c. 爆炸冲击波峰值入射超压不大于6.9kPa时，供消防救援人员进入的窗口宜设置在无人值守房间或疏散走廊尽端处的外墙上。

d. 爆炸冲击波峰值入射超压大于6.9kPa时，应选用相应等级的抗爆防护门及抗爆防护窗。

e. 爆炸冲击波峰值入射超压不小于21.0kPa时，有人值守建筑物应在人员通道上设置隔离前室并配置人员通道抗爆门，门扇应向外开启且净宽度应符合消防疏散的规定；外墙不宜设置抗爆防护窗。

f. 空调机房等设备用房宜直接对外开门，当爆炸冲击波峰值入射超压大于6.9kPa时，应选用设备通道抗爆门。供参考。

【问67】爆炸冲击波峰值入射超压小于6.9kPa时，是不是都不需要用抗爆门了?

答：根据GB/T 50779—2022《石油化工建筑物抗爆设计标准》5.1.2条，抗爆建筑物外墙门窗的设置应符合下列规定：

a. 爆炸冲击波峰值入射超压大于1.0kPa且不大于3.0kPa时，可选用可开启外窗及钢制外门；有人值守房间及疏散通道上的外窗宜选用上悬窗，其窗扇宜选用摩擦式撑挡。

b. 爆炸冲击波峰值入射超压大于3.0kPa且不大于6.9kPa时，除防排烟系统所要求可开启外窗外，宜选用固定外窗及钢制外门。

但均应经过荷载验算或者实验测试符合要求。供参考。

【问68】配电室是否需要进行抗爆设计?

答：目前没有标准要求无人值守的配电室进行抗爆设计。

人员值守的总变电所，可以按照GB 50984—2014《石油化工工厂布置设计规范》相关要求，远离爆炸危险源和高毒泄漏源。供参考。

【问69】甲乙类火灾爆炸危险的装置斜向（非正对控制室），是否需要抗爆设计?

答：属于直接面向有火灾爆炸危险的装

置，需要进行爆炸安全性评估。根据评估结果确定是否需要进行抗爆设计。供参考。

【问70】入射超压<6.9kPa，是否需要采用抗爆结构？

答：建筑物受到的爆炸冲击波超压≥6.9kPa或者爆炸冲量≥207kPa·ms时，建筑物主体结构应采用抗爆设计。

若该建筑入射超压小于6.9kPa且爆炸冲量小于207kPa·ms时，建筑主体结构可不进行抗爆设计，但建筑墙体、门窗等仍需满足GB/T 50779—2022《石油化工建筑物抗爆设计标准》要求。供参考。

【问71】既有建筑物的鉴定，对鉴定机构有什么资质要求？

答：有要求，建设工程质量检测机构资质

证书、检验检测机构资质认定证书（CMA）、检验检测机构认可CNAS证书等。供参考。

【问72】既有建筑物进行局部改造，如何考虑没有改造的部分？

答：根据爆炸安全性评估结果对既有建筑物仅需进行局部抗爆设计时，需考虑没有进行抗爆设计部分破坏时对抗爆设计部分的作用和影响（包括相邻有非抗爆设计部分及抗爆结构上方有非抗爆设计部分等情况），以避免局部破坏导致整体破坏或可能产生的碎块阻塞建筑物的安全出口。供参考。

【问73】既有建筑爆炸安全性评估报告是否需要其他部门认可？

答：是否审查需要遵循企业和当地政府的

要求，目前有的既有建筑抗爆改造项目，需要进行专家评审。供参考。

【问74】有人值守的抗爆建筑物楼梯间是否需要做抗爆？

答：有人值守的抗爆建筑物楼梯间应做抗爆，保证人员疏散安全。供参考。

【问75】冲击波小于21kPa时，是否需要设置隔离前室？

答：根据GB/T 50779—2022《石油化工建筑物抗爆设计标准》，冲击波不小于21kPa时，有人值守建筑物应在人员通道设置隔离前室，小于21kPa未要求设置隔离前室。无人值守机柜间，未要求设置隔离前室。供参考。

【问76】仅在迎爆面设置抗爆墙，是否满足GB/T 50779—2022《石油化工建筑物抗爆设计标准》?

答：不能完全满足要求，冲击波依然会作用到既有建筑上。

GB/T 50779—2022的8.3.10条文说明：既有建筑物的抗爆设计应根据原建筑物的具体情况进行加固可行性、经济性、工期等方面的分析、对比。当计算分析后，建筑物采用常规加固方案无法满足抗爆要求，需加固构件的范围广、加固难度大时，也可采用新建钢筋混凝土或钢结构抗爆护罩的方式对原有建筑物进行抗爆改造。对于面积较小、改造难度大的建筑物，也可选用模块化的可移动式抗爆庇护所。供参考。

【问77】抗爆机柜间，是否可以采用地面以上开洞进线方式？

答：GB/T 50779—2022《石油化工建筑物抗爆设计标准》删除了GB 50779—2012 4.1.6条：“活动地板下地面以上的外墙上不得开设电缆进线洞口。基础墙体洞口应采取封堵措施，并应满足抗爆要求。”但需满足GB/T 50779—2022《石油化工建筑物抗爆设计标准》3.0.18条要求：“除门窗洞口外，抗爆建筑物外墙的开洞尺寸不应大于1.0m，洞口间净距应大于洞口宽度。所有外墙、屋面的开洞均应采取整体抗爆密封措施，并能抵抗相应的爆炸荷载。”可采用抗爆防火密封穿墙模块MCT，供参考。

【问78】室内喷涂抗爆涂层后墙面是否可以进行装饰，如贴瓷砖等？

答：根据GB/T 50779—2022《石油化工建筑物抗爆设计标准》5.3.5条，大于6.9kPa的抗爆建筑物外墙的内侧不得直接贴砌或安装可能产生碎片的材料或构件，不得安装电气及通信设备。

HEALTH, SAFETY,
& ENVIRONMENT

五、暖通设计

【问79】抗爆控制室是否可以安装空调，设置外机？

答：控制室应设置在非爆炸危险区域。一般可以安装空调，当然要确保在爆炸发生时尽可能不要成为飞射物。

根据GB/T 50779—2022《石油化工建筑物抗爆设计标准》7.5.2条，空调机的室外机安装在地面上有利于安全，可避免外界爆炸将室外机破坏并使之坠落至地面，造成不应有的危险。供参考。

【问80】医药化工企业有人值守控制室抗爆改造后，新风系统是否应增加可燃有毒气体检测仪？

答：根据GB/T 50493—2019《石油化工可燃气体和有毒气体检测报警设计标准》，控制室新风口需要设置可燃有毒气体检测报警。

根据GB/T 50779—2022《石油化工建筑物抗爆设计标准》7.4.5条，进出建筑物的风管上均应设置电动密闭阀。新风引入口有可能进入可燃气体和有毒气体时，应在引入口附近设置可燃、有毒气体探测报警器。当可燃、有毒气体探测器报警时，应自动联锁关闭密闭阀及停运新风机、排风机等。供参考。

【问81】控制室面向生产车间侧外设空调间，是否可以设置新风口？

答：根据GB/T 50779—2022《石油化工建筑物抗爆设计标准》7.1.9条，布置在装置内的抗爆建筑物，进出风口不得设置在有火灾危险性设备侧的外墙上。根据7.4.2条，当抗爆建筑位于装置区时，新风取风口位置宜高于屋面。供参考。

【问 82】抗爆控制室的抗爆门镜有什么设置要求？

答：根据GB/T 50779—2022《石油化工建筑物抗爆设计标准》5.2.2条，抗爆建筑物采用的抗爆防护门应符合下列规定：

5）抗爆观察窗的玻璃在爆炸荷载作用下不得破碎，室外侧受热时应保持透明。供参考。

【问 83】正压送风口需要单独引至抗爆前室吗？

答：抗爆前室不需要单独送风，控制室按照正压送风设计，维持室内正压。供参考。

【问 84】抗爆建筑位于装置区时，新风取风口有哪些设计方法可参考？

答：国内一般设置新风取气小室，GB/T

50779—2022《石油化工建筑物抗爆设计标准》7.4.2条规定“当抗爆建筑物位于装置区时，新风取风口位置宜高于屋面”。俄罗斯的做法是在地面上设置高空取气筒，在建筑物外墙开口处设置抗爆阀；壳牌DEP标准做法是在屋顶设置进风小室和高空取气筒。建议取风口底面标注：大于积雪层厚度。供参考。

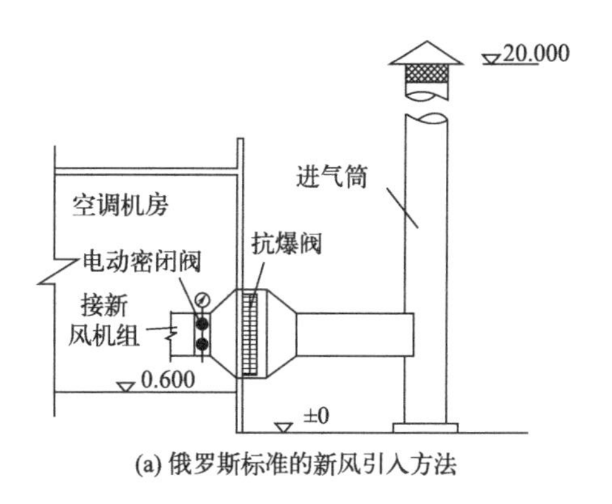

(a) 俄罗斯标准的新风引入方法

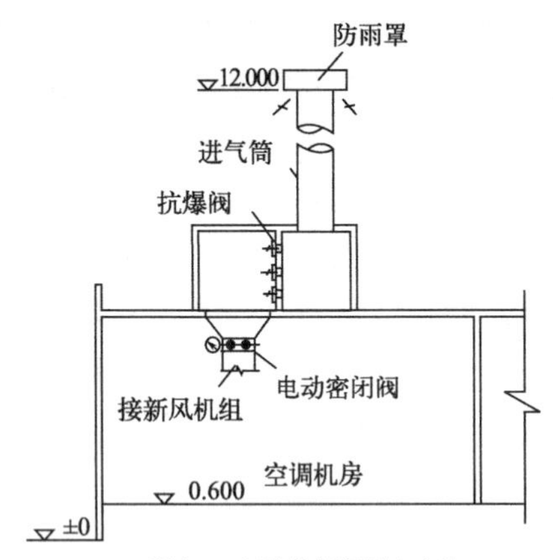

(b) 荷兰DEP标准的新风引入方法

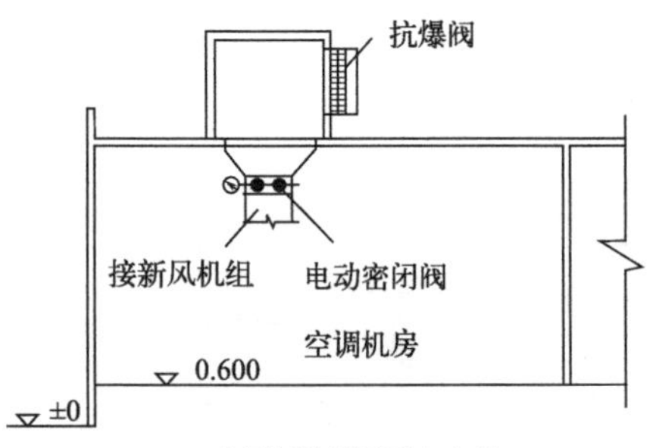

(c) 中国标准新风引入方法

【问85】辅助功能房间是否需要设置新风化学过滤机组?

答：根据GB/T 50779—2022《石油化工建筑物抗爆设计标准》7.1.3条，主要功能性房间的新风系统应设化学过滤器。其他房间可不设置新风化学过滤机组。供参考。

【问86】建筑外发生爆炸同时室内发生火灾，如何设计空调设备控制逻辑?

答：不考虑建筑外发生爆炸同时室内发生火灾的工况，发生概率低。供参考。

【问87】既有建筑物抗爆改造时，排烟风机和补风风机是否需要设于专用机房内?

答：根据GB/T 50779—2022《石油化工建

筑物抗爆设计标准》7.1.6条，抗爆建筑物的防排烟设计应符合现行国家标准GB 50016—2014《建筑设计防火规范》和GB 51251—2017《建筑防烟排烟系统技术标准》的规定。排烟风机和补风风机应设于专用机房内。供参考。

【问88】进出建筑物排风、排烟风管是否要设置电动气密阀?

答：根据GB/T 50779—2022《石油化工建筑物抗爆设计标准》7.4.5条，进出抗爆建筑物的风管上均应设置电动密闭阀。建议设置电动气密阀。供参考。

HEALTH, SAFETY,
& ENVIRONMENT

六、风险分析

【问89】对于最大可信事件，如何判断？可接受频率是多少？

答：根据API RP 752 “Management of Hazards Associated with Location of Process Plant Permanent Buildings” 3.10节关于最大可信事件说明，一般考虑对建筑物人员会造成可能最大事故后果的爆炸、火灾或者毒性的主要潜在泄漏事故场景。从物质、储量、设备管道设计、运行工况、燃料活性、工艺单元尺寸、历史事故及其他因素等来考虑这些事故场景是否现实且具有合理的发生概率。每栋建筑都有其相关的潜在的爆炸、火灾或者毒性的最大可信事件。最大可信事件，要达到足够严重，而不至于太大而难以置信。

SH/T 3226—2024《石油化工过程风险定量分析标准》3.1.6 条关于

最大可信事故场景的定义为：通过风险识别，识别出所有真实的且概率合理（发生频率不低于1×10^{-5}/年）的可信事故场景，其中事故后果最严重的场景称为最大可信事故场景，需要根据实际工艺安全水平通过风险识别和评估确定。供参考。

【问 90】爆炸安全性评估是否需要考虑 BLEVE（沸腾液体扩散蒸气云爆炸）?

答：如涉及液化烃压力储罐，建议考虑 BLEVE。供参考。

【问 91】满足防火间距要求的液氨储罐区控制室，是否要通过爆炸风险评估确定抗爆设计参数?

答：液氨为乙A类介质，泄漏后迅速气化

为乙类的氨气。建议通过爆炸风险评估确定该控制室是否需要抗爆。

除了抗爆问题，如果是石油化工企业，液氨储罐属于高毒泄漏源，相应人员集中建筑物应满足GB 50984—2014《石油化工工厂布置设计规范》的要求，根据该标准条文说明，控制室设置防护措施（抗爆+强制通风+进风口有毒气体检测）后可有效削减防护距离建议值。供参考。

【问92】爆炸风险分析结果为3~6.9kPa，如何做墙体抗爆？

答：新项目抗爆设计，根据GB/T 50779—2022《石油化工建筑物抗爆设计标准》，爆炸冲击波峰值入射超压不大于6.9kPa时，可采用钢筋混凝土框架-加劲砌体抗爆墙结构、钢框架-支撑结构。

老建筑加固项目，根据现场具体情况，通过对墙体进行爆炸荷载作用下的结构分析来确定具体方案，可以采用轻质抗爆墙或者抗爆涂层等做法。

【问93】爆炸荷载基于事故后果分析泄漏孔径选择的标准是什么？爆炸荷载基于风险分析可接受的累积频率是什么？

答：荷载分析，可以采用最大可信事件方法、泄漏孔径历史数据统计分析、爆炸载荷累计频率曲线进行评估确定。

采用基于风险的方法时累计频率不大于10^{-4}/年，一般取$10^{-5}\sim10^{-4}$/年。供参考。

【问 94】关于外部安全防护距离的计算是否包含厂内控制室和机柜间？

答：GB 36894—2018《危险化学品生产装置和储存设施风险基准》和GB/T 37243—2019《危险化学品生产装置和储存设施外部安全防护距离确定方法》仅限于计算工厂的外部安全防护距离，不涉及厂内控制室和机柜间。建议厂内相关建筑物的抗爆设计通过专项爆炸风险分析确定。供参考。

【问 95】爆炸风险评估及结构校核计算是否需要有资质的单位出具报告？

答：目前国家层面没有文件要求既有建筑物爆炸风险评估需要资质。

【问96】中控楼控制室与办公室、化验室等在一起，是否需要整体做抗爆?

答：中控楼控制室宜布置在生产管理区，宜为单独建筑。化验室应远离振动、噪声、电磁干扰的场所，宜独立设置，不宜与控制室、办公室合建。

控制室、办公室和化验室所在的中控楼为人员集中场所，建议对整个建筑进行爆炸风险评估，确定是否进行抗爆设计。考虑到办公室和化验室的实际功能，不建议进行抗爆设计，建议布置在爆炸风险区域范围以外。若无场地条件，评估后确需抗爆，新建抗爆控制室不应与非抗爆建筑物合并建造，抗爆建筑物应独立设置。供参考。

【问 97】哪些是人员集中建筑物？哪些不是人员集中建筑物？请举例。

答：SH/T 3226—2024《石油化工过程风险定量分析标准》5.5.1：

a）建筑物内有指定的人员在内或者具有经常性的人员活动，且建筑物内固定操作岗位上的人员工作时间为 40 人 • 小时 / 天以上且同时在岗人数不少于 3 人的建筑物；

b）在建筑物内工作 1 小时及以上的人员数量不少于 10 人（出现频率≥ 1 次 / 月）。供参考。

相关举例可见下表：

人员集中建筑物举例	不属于人员集中的建筑物举例
—作为应急防护或应急指挥的建筑物。例如庇护所、应急指挥中心等；	临时巡检或临时进入的建筑物，包括： —现场分析小屋；

续表

人员集中建筑物举例	不属于人员集中的建筑物举例
—控制室；外操室； —办公室；会议室； —实验室或化验室； —餐厅/食堂； —消防站或维修间； —培训楼； —其他符合要求的人员集中建筑物	—现场取样点/测试站； —变电站和电机控制中心（MCCs）； —远程仪表间； —设备间、机泵间等； —主要用于储存物料且无指定人员的建筑物（如物品仓库）

【问 98】定量风险分析的泄漏频率数据库有哪些?

答：定量风险分析的通用泄漏频率数据主要来源于政府或权威组织发布的频率数据，如OGP、OREDA、HSE HCRD、API581、BEVI手册等频率数据。供参考。

【问99】对于VCE模型的计算方法，在国内哪种方法的认可度最高？

答：GB 37243—2019中推荐的是TNO多能法；SH/T 3226—2024《石油化工过程风险定量分析标准》中推荐的方法包括TNO/BST/SHELL-CAM或计算流体动力学等方法。目前国内常用的是TNO多能法，计算流体动力学CFD主要用于厂房内爆或者粉尘爆炸以及其他在SH/T 3226—2024《石油化工过程风险定量分析标准》中描述的情况。供参考。

【问100】GB/T 50779—2022《石油化工建筑物抗爆设计标准》的设计输入是基于风险频率还是基于事故后果？

答：GB/T 50779—2022《石油化工建筑物

抗爆设计标准》没有规定具体荷载分析方法。基于风险分析方法和事故后果方法都可以。供参考。